BEI GRIN MACHT SICH IHR WISSEN BEZAHLT

- Wir veröffentlichen Ihre Hausarbeit,
  Bachelor- und Masterarbeit

- Ihr eigenes eBook und Buch -
  weltweit in allen wichtigen Shops

- Verdienen Sie an jedem Verkauf

Jetzt bei www.GRIN.com hochladen und kostenlos publizieren

Michael Wornest

Entwicklung von Kartenkompetenz im Geographieunterricht der Grundschule als Voraussetzung für die Sekundarstufe I

GRIN Verlag

Bibliografische Information der Deutschen Nationalbibliothek:

Die Deutsche Bibliothek verzeichnet diese Publikation in der Deutschen National-
bibliografie; detaillierte bibliografische Daten sind im Internet über http://dnb.d-
nb.de/ abrufbar.

Impressum:

Copyright © 2012 GRIN Verlag GmbH
Druck und Bindung: Books on Demand GmbH, Norderstedt Germany
ISBN: 978-3-656-53023-7

Dieses Buch bei GRIN:

http://www.grin.com/de/e-book/230881/entwicklung-von-kartenkompetenz-im-
geographieunterricht-der-grundschule

GRIN - Your knowledge has value

Der GRIN Verlag publiziert seit 1998 wissenschaftliche Arbeiten von Studenten, Hochschullehrern und anderen Akademikern als eBook und gedrucktes Buch. Die Verlagswebsite www.grin.com ist die ideale Plattform zur Veröffentlichung von Hausarbeiten, Abschlussarbeiten, wissenschaftlichen Aufsätzen, Dissertationen und Fachbüchern.

Inhaltsverzeichnis

0. Abbildungsverzeichnis

1 Einleitung

In meinem letzten Praktikum an einer Dresdner Mittelschule war es üblich, dass in der Klassenstufe 5 zu jedem Stundenbeginn ein Schüler an der Wandkarte zehn Fragen zur Topographie beantworten musste. Die Schüler sollten dabei geographische Objekte in Deutschland lokalisieren. Nicht selten kam es dabei zu Äußerungen, wie „Die Alpen liegen ganz unten in Deutschland" oder „Die Nordsee liegt links von der Ostsee". Immer wieder musste der Lehrer solche Aussagen, hinsichtlich der genauen Bestimmung und Beschreibung der Lage, korrigieren. Dieses Phänomen des falschen geographischen Vokabulars trat auch immer wieder während der Unterrichtseinheiten auf. Viele Schüler halten im Zeitalter von Navigationsgeräten und Smartphones die Orientierung auf Karten für unwichtig, da heutzutage die Technik das für einen übernehmen kann. So wird sehr schnell klar, dass es hinsichtlich der Kartenkompetenz von Schülern einige Probleme gibt. Es offenbaren sich hier einige grundlegende Problemfelder bei der Kartenarbeit. Es fehlt die Fähigkeit der zielgerichteten Aufnahme von Informationen bei den Schülern, es kommt zu Problemen bei der Orientierung auf Karten und es kommt bei Interpretationen und Bewertungen von Karteninhalten zu einer regelrechten Hilflosigkeit unter den Schülern. Ziel der Lehrperson muss es sein, die angesprochenen Ungenauigkeiten bei der Kartenarbeit zu korrigieren, ein Bewusstsein für die Kartenarbeit zu schaffen und so die Kartenkompetenz der Schüler zu entwickeln. Bereits in der Primarstufe der Klassen 3 und 4 kommt es zu einer allgemeinen Einführung in das Kartenverständnis und somit zu einem beginnenden Kompetenzerwerb.

Dabei ist die Karte zuerst Unterrichtsgegenstand, danach kann sie als Arbeitsmittel vor allem in der Sekundarstufe I und II eingesetzt werden. Diese Arbeit soll sich nun mit folgenden Problematiken beschäftigen: Welche Grundvoraussetzungen müssen in der Grundschule bei der Einführung des Kartenverständnisses geschaffen werden? Welche Schwierigkeiten treten dabei auf und wie muss in der Klassenstufe 5 der Sekundarstufe I an dieses Grundwissen, bzw. an den Vorkenntnissen der Schüler, angeknüpft werden, um einen idealen Lernprozess zu gewährleisten?

Um dies genauer zu untersuchen, betrachte ich zu Beginn meiner Arbeit den entwicklungspsychologischen Aspekt der Schüler der Primarstufe und der Sekundarstufe I durch das Entwicklungsstufenmodell von Piaget. Dann werde ich klären, was man unter Kartenkompetenz in Bezug auf die PISA-Studie versteht und wie das Spektrum dieser im Unterricht ausschaut. Ebenso wäre noch die Karte als Medium genauer zu betrachten und welche Schwierigkeit sie für den Schulalltag mit sich bringt. Welche Techniken der Kartenarbeit sind letztendlich ausschlaggebend und wie schauen, kritisch betrachtet, die methodischen Wege hin zum Kartenverständnisses aus? Am Ende werde ich dann die Ergebnisse zusammenfassen und die Ausgangsfrage hinsichtlich des Überganges von Grundschule zur Sekundarstufe I klären und kritisch bewerten.

2 Jean Piaget und „Das Weltbild des Kindes"

2.1 Der Aspekt der kognitiven Entwicklung nach Jean Piaget

Der Mensch baut je nach Lebenserfahrung andere mentale Modelle auf und sieht dadurch eine für sich angepasste Wirklichkeit. Diese individuellen Erfahrungen führen dazu, dass jede neue Situation anders aufgefasst, verarbeitet und in unserem Gedächtnis gespeichert wird. So ist auch die geographische Wirklichkeit für jeden Einzelnen individuell geprägt.[1] Durch diese unterschiedliche Prägung, aufgrund der speziellen Situation oder auch bestimmten Perspektiven von uns, kommt es zu einer individuellen Bedeutungsbeimessung für geographische Objekte. In der Geographie bestimmen vor allem Karten durch ihre Eigenschaft der Abbildung und Organisation die subjektive Wirklichkeitskonstruktion. Der Prozess dieser mentalen Raummodellbildung wird dabei stark von dem Interesse am Lerngegenstand, der Entwicklungsphase, in welcher sich das Kind gerade befindet und die Erfahrungen mit Karten beeinflusst. Diese Beeinflussungen wiederum haben große Auswirkungen auf den jeweiligen Unterricht, denn der Lehrende muss diese Faktoren bei seiner Planung berücksichtigen.

J. Piaget ist ein Schweizer Entwicklungspsychologe des 20. Jahrhunderts. Seine theoretischen und empirischen Erkenntnisse dienen heute für viele als Ausgangsbasis für weitere Forschungen. Dabei wurden seine Studien im Laufe der Zeit immer wieder überprüft, ergänzt und korrigiert. Jeder einzelne Mensch hat von Geburt an zwei grundsätzlich unterschiedliche Tendenzen. Da wäre erstens die zur Adaption („Anpassungstendenz" an Umgebung). Diese gliedert sich in zwei differenzierte Prozesse. Zum einen in die Assimilation, welche zum Ziele hat die Umwelt zu verändern und an die eigenen Wünsche und Bedürfnisse anzupassen und zum anderen die Akkommodation, welche wiederum das Ziel verfolgt das eigene Verhalten so zu ändern, dass man sich an die gegebenen Umweltbedingungen anpasst. Als zweites gibt es dann noch die Tendenz zu einer Organisation, d.h. man möchte das eigene Handeln in ein

---

[1] Vgl. Stea, David, Downs, Roger M.: Kognitive Karten: Die Welt in unseren Köpfen. New York 1982, S. 249.

zusammenhängendes System integrieren. Zum Beispiel kann ein Baby zu Beginn entweder etwas „greifen" oder „visuell" beobachten – zwei verschiedene Systeme. Beides gleichzeitig funktioniert erst mit der Entwicklung der Augen-Hand-Koordination und somit die Integration in ein kohärentes System. Ziel von beiden Tendenzen ist ein Äquilibrium - „Gleichgewichtszustand". Nach Piaget konstruieren Kinder ihr Verständnis über ihre (Um)Welt durch ein selbstständiges Auseinandersetzen (Handeln) mit dieser.

2.2 Das Entwicklungsstufenmodell von Piaget

Bei dem Entwicklungsstufenmodell von Piaget unterscheidet man grundsätzlich vier Hauptstadien bei der kognitiven Entwicklung von Kindern.

1. Bei der Geburt spricht man bei Säuglingen von einer *sensumotorischen Intelligenz* (0 - 24 Monate). Der Säugling besitzt zunächst nur einige angeborene Reflexe (Greifreflex, Saugreflex, ...). Durch gezielte Beobachtungen seiner Umwelt und durch aktives Wiederholen von Handlungen lernt das Baby hinzu. Das Wiederholen von Handlungen wird später durch Experimentieren abgelöst. Zum Beispiel „Was passiert, wenn ich den Gegenstand anfasse oder beobachte?". Durch dieses Verhalten lernt das Kleinkind, welches Mittel zwecks der Zielerfüllung von Nöten ist. Nach dem ersten Lebensjahr entwickelt sich die „Objektpermanenz" (Objekte existieren auch dann, wenn sie nicht sichtbar sind). Darauf aufbauend entwickelt das Kleinkind zwischen sich (Subjekt) und seiner Umwelt (Objekt) zu differenzieren. Die häufigste auftretende Spielform ist in dieser Phase das Übungsspiel.[2]

2. Die zweite Phase ist dann das *präoperationale Stadium (24 Monate – 7 Jahre)*. Es entwickelt sich mit dieser Stufe das symbolische oder vorbegriffliche Denken. Dies hat zur Folge, dass das Kleinkind die eigene Sprache entwickelt und es kann nun mit der Bedeutung von Symbolen umgehen. Des Weiteren lernt das Kind den Unterschied zwischen einem Objekt (Verhalten, gegebene Situation, ...) und das Vorstellen dessen auf einer gedanklichen Ebene (z.B. Kinder spielen die Rollen ihre Eltern nach, tun so als ob sie ein Flugzeug fliegen würden). Ab dem vierten Lebensjahr bildet sich bei den Kindern das anschauliche Denken heraus. Logische Irrtümer werden vermindert, aber dennoch denkt das Kind sehr egoistisch und wird stark von der Wahrnehmung beeinflusst, bzw. dominiert („Egozentrismus").[3] Das Kind hat dabei seine eigene Ansicht und diese hält es für die einzig mögliche und richtige

---

[2] Vgl. Inhelder, B., Piaget, J.: Die Entwicklung des räumlichen Denkens beim Kinde. Stuttgart 1971, S 489 f.
[3] Vgl. Gerrig J., Zimbardo, G.: Psychologie. München 1999, S. 465.

4

("Wenn heute Freitag ist, ist überall Freitag"). Der frühkindliche Egozentrismus ist gegen Ende dieser Entwicklungsphase überwunden.

3. Nun folgt die Phase der *konkreten Operationen* (7/8 - 11/12 Jahre). Weiterhin ist das Denken an visuell erfahrbare Inhalte gekoppelt. Beginnend können nun gleichzeitig verschiedene Merkmale von Gegenständen und Vorgängen erfasst werden. Ist eine Erfassung erfolgt, so können diese in eine Beziehung zueinander gebracht werden. Ebenso können Kinder ihr Handeln verinnerlichen, vorrausschauend denken und das eigene Handeln selbstständig steuern, Auch logische Schlussfolgerungen über auftretende Phänomene, physischer und situationsbedingter Natur sind jetzt möglich.[4]

4. Die letzte Stufe nach Piaget sind die *formalen Operationen* (ab 11/12 Jahre): Der Jugendliche bildet die Fähigkeit heraus, abstrakte Hypothesen zu verstehen, die daraus resultierenden Probleme theoretisch zu analysieren und komplexere Fragestellungen systematisch zu durchdenken. Er hat in diesem Stadium die allerhöchste Entwicklungsform des logischen „Denkens" entwickelt.[5]

Das sich das Denken von der bloßen „Wahrnehmung und direkten Interaktion mit der Umwelt" löst und immer abstrakter wird, verdeutlicht die vierte Phase sehr deutlich.

Nach Piaget zu schlussfolgern, existieren für Kleinkinder vor dem sechsten Lebensjahr das geistige Leben überhaupt nicht. Betrachtet man die psychologischen Phänomene, so sind sie seiner Meinung nach Realisten. Sie können nicht zwischen geistigen Gebilden, wie Träumen und Gedanken, und realen physischen Dingen unterscheiden.[6] Der Egozentrismus steht bei Kleinkindern im Mittelpunkt ihres Denkens. Dies bedeutet, ihr Handeln und Wahrnehmen der Umwelt ist subjektiv geprägt und erlaubt noch keine objektive Wahrnehmung der Welt.

Die Schüler in der Grundschule umfassen die Alterspanne von 6 – 11 Jahren. Für die Betrachtung dieser Arbeit befinden wir uns also gerade am Ende des präoperationalen Stadiums und mitten in der konkreten Phase. Damit wurde die egozentrische Phase der Weltanschauung überwunden und die Kinder beginnen mit einem „selbstgesteuerten und – regulierten" Lernen.

---

[4] Vgl. Gerrig, Zimbardo: Psychologie, S. 465.
[5] Vgl. Inhelder, Piaget: Entwicklung räumlichen Denkens. S. 515 f.
[6] Vgl. Astington, J.W.: Wie Kinder das Denken entdecken. München, Basel 2000, S. 17.

2.3 Die Kritik an Piaget's Entwicklungsstufenmodell

Vergleicht man die neusten Forschungen mit den Ergebnissen von Piaget, so wird deutlich, dass Altersangaben bei Piaget hinsichtlich der Entwicklungsstufen nicht korrekt sind. Begründet wird die Fehldefinition der Altersangaben und weiterer Kritikpunkte, dass Piaget seine Untersuchungen nur an relativ wenigen Kindern durchführte und somit keine allgemeingültigen Festlegungen treffen kann. Die kognitive Entwicklung läuft nach heutigen Erkenntnissen schneller ab. Dies wird bereits bei den Kleinkindern ersichtlich, welche nach intensiven Studien ein viel komplexeres Denken und Schlussfolgern über ihre Umwelt aufzeigten, als Piaget es in seinen Forschungen beschreibt.[7] Bezogen auf das Begriffsverständnis erreichten sie sehr früh ein ähnliches Niveau wie Erwachsene. Außerdem wurden in weiteren Studien bei der kognitiven Entwicklung sehr große interindividuelle Unterschiede entdeckt. Diese Studien sprechen somit gegen die von Piaget beschriebene Universalität bei der Entwicklung in seinem Modell. Immerhin findet eine viel stärkere Beeinflussung der Kinder von außen statt, als Piaget es in seinen Forschungen vermuten ließ.

Ein weiterer Aspekt, die Motivationspsychologie, wurde bisher noch völlig außer Acht gelassen. Gerade die Inhalte, die von den Schülern als sinnvoll erachtet werden, erhalten eine subjektive Bedeutsamkeit und prägen sich den Schülern leichter und ohne besonderes Bemühen langfristig ein. Aktive Erfolgserlebnisse und positive Erfahrungen sind dabei die Schlüsselfunktionen in der lernfördernden Motivation.

3 Die Leitlinien für die Kartenkompetenz im Geographieunterricht

3.1 Was ist Kartenkompetenz?

Im Rahmen der Studie von PISA ist die Karte ein nicht-kontinuierlicher Text und gehört damit in den Bereich der reading literacy.[8] Bei PISA wird entsprechend der konstruktivistischen Lerntheorie unter der Lesekompetenz nicht nur eine Dekodierung der verschlüsselten Informationen verstanden, sondern auch eine Verknüpfungsleistung des einzelnen Individuums und ein aktives Auseinandersetzen mit den Texten.

---

[7] Vgl. Rubitzko, T.: Zur Entstehung von topographischen Ordnungsrastern. In: Hüttermann, A. (Hrsg.): Untersuchungen zum Aufbau eines geografischen Weltbildes bei Schülerinnen und Schülern. Ludwigsburg 2004, S. 53.
[8] Vgl. Baumert, J. u. a. (Hrsg. 2001): PISA 200. Basiskompetenzen von Schülerinnen und Schülern im internationalen Vergleich. Opladen 2000, S. 80.

Bereits im Jahr 1997 beschreibt Claaßen das Arbeiten und somit Auseinandersetzen des Einzelnen mit der Karte als „Verständigung", bei der der Kartennutzer die unterschiedlichen Karteninformationen dekodiert und sich dadurch ein eigenes Bild von der Wirklichkeit macht. So kann es auch dazu kommen, dass unterschiedliche Kartennutzer zu ganz verschiedenen Bildern am Ende kommen können. Dies wird beeinflusst durch die Fähigkeiten und die Vorkenntnisse des Nutzers.[9] In diesem Zusammenhang gibt Claaßen auch den Hinweis auf die Bedeutung von mental maps, die er als individuelle Reproduktion der geographischen Raumvorstellungen eines jeden Einzelnen beschreibt.

Hüttermann ist gegen ein Unterordnen der Karten. Sie gehören nicht zu den nicht-kontinuierlichen Texten, da sie eine wichtige Bedeutung als eine eigene Darstellungsform in der Geographie haben.[10] Laut ihm heben sich Karten dadurch ab, dass durch die räumliche Anordnung die Informationen chorographisch präsentiert werden. Texte jedoch sind chronologischer bzw. sequentieller Art. Karten besitzen somit im Gegensatz zu sequentiellen Texten eigene Struktureigenschaften, diese stimmen mit den Struktureigenschaften des darzustellenden Sachverhalts überein.[11] Dies hat verschiedene Vorteile, so können bestimmte Informationen wie z.B. Lagebeziehungen direkt an der Darstellung abgelesen werden und einen vollständigen Sachverhalt darstellen (Abbildung ganzer Raumeinheiten). Außerdem haben sie den großen Vorteil gegenüber beschreibender Formen, wie Texten, dass sie als Repräsentationsformen erheblich „widerstandsfähiger" sind (meistens reichen bereits Ausschnitte aus Karten aus, was bei Texten zu einem Verlust von wichtigen Informationen führt). Nach Hüttermanns Meinung sei die PISA-Studie sehr stark auf sprachliche und mathematische Kompetenzbereiche zugeschnitten worden, dies ist allerdings in der fachlichen Diskussion zu stark aus den Augen verloren worden und wird dadurch erheblich vernachlässigt. Dadurch sei z.B. das Zeichnen von eigenen Karten gar nicht vorgesehen. Jedoch vertritt Hüttermann die Ansicht, dass neben den puren „Auswerten von Karten" auch die „Fähigkeit zur Kartenbewertung" und die „Fähigkeit zum selbstständigen Zeichnen von Karten" einen sehr entscheidenden Stellenwert einnehmen. Somit ist Kartenkompetenz nach Hüttermann nicht nur ein Teilbereich der literacy bei PISA, sondern ist eher dem Bereich der graphicacy zuzuordnen, welcher von Boardman begrifflich geprägt wurde. Auch widerspricht Hüttermann damit ganz klar den Ansichten von Richter, der den Karten nur die Komponenten

---

[9] Vgl. Claaßen, K.: Arbeit mit Karten. In Praxis Geographie, H. 11 (1997),S.5.
[10] Vgl. Hüttermann, A. 2005: Kartenkompetenzen: Was sollen Schüler können? In: Praxis Geographie H. 11 (2005), S.4 ff.
[11] Ebd., S. 4.

des Lesens und Verstehens zugesteht und damit dem Teilbereich reading literacy nicht verlässt.

Es ist also an dieser Stelle zunächst festzustellen, dass es keine übereinstimmende Einigung in der Literatur über den Aspekt der Handlungsorientierung der Karten-Lesekompetenz unter den Autoren gibt. Dennoch besteht die Gemeinsamkeit darin zu sagen, dass es das Ziel ist, den Schülern ein selbstständiges Umgehen mit den Karten beizubringen.

Bezüglich der Informationsentnahme (dem „Kartenlesen") und dem darauffolgenden Schritt der Interpretation (der „Auswertung"), stimmt die Kartenkompetenz mit dem Begriff der literacy bei der PISA-Studie überein. Es sollen also die Karteninhalte miteinander und das Vorwissen des Nutzers verknüpft werden. Bei dem Lesen und der Auswertung der Karte soll der Betrachter sich kritisch mit dem Medium Karte auseinandersetzen und über den Karteninhalt reflektieren („Bewertung"). Einige Autoren wie Hüttermann und Claaßen gehen in ihren Ansichten über diese Rahmenbeschreibung hinaus und sehen das Anfertigen von eigenen Karten als unabdingbaren Teilbereich der Kartenkompetenz an. Verdeutlicht werden der Aufbau und die Bedeutung der Kartenkompetenz nochmals in dem „Dreieck der Kartenkompetenz (Abbildung 1).

Abb. 1: Dreieck der Kartenkompetenz
Darstellung nach Hüttermann 2002, S. 7

3.2 Die Vorgaben durch den Lehrplan

Karten dienen heute als gebräuchliches Mittel, um sich im privaten und öffentlichen Leben zu orientieren und gelten daher als unentbehrlich.[12] Karten fungieren dabei nicht nur als Orientierungshilfe, sondern dienen zur besseren Vermittlung von komplexen Zusammenhängen und sind daher teilweise besser geeignet als reine Texte und Tabellen. Erst durch das Zusammenspiel von Text, Tabelle und Karte kann es zu einer geeigneten Umsetzung von Informationen in den Karten kommen. Dies führt zu einem Verständnis von zum Beispiel Flächenausdehnungen, Lagebeziehungen und Richtungen auf der Karte. Um diese Zusammenhänge zu verstehen, bedarf es einer Dekodierung der einzelnen Informationen, die mitunter mehrschichtige-komplexe Aussagen beinhalten, von den Schülern im Unterricht. Bis heute ist die Schulung der Schüler für die Arbeitstechnik der Dekodierung aber nicht curricular gegliedert. Bereits seit den 70er Jahren strebt die Geographiedidaktik nach einer Strukturierung der kartenbezogenen Lernziele. Leider gab es keine kartographischen Befunde, welche eine Lernzielformulierung zwingend ermöglichten. Es gibt nur eine geringe Anzahl an gesicherten Untersuchungen, die Vorgaben geben, wie eine Karte für die jeweilige Altersstufe zu gestalten ist.[13] Sicher ist nur, dass die jeweilige Funktion, die die Karte übernimmt, je nach Unterrichtssituation geklärt und festgelegt werden muss.

Dem Lehrer obliegt es nun, vor jeder Unterrichtseinheit zu bestimmen, welches Medium er einsetzen möchte und ob es für den Zweck der Nutzung auch geeignet ist.[14] Es ergeben sich also unterschiedliche Fragestellungen, die die Lehrperson für sich klären muss. Soll die ausgewählte Karte bei den Schülern ein bestimmtes Vorstellungsbild auslösen? Soll sie als reine Orientierungshilfe dienen? Sollen bereits vorhandene Wissensstrukturen ausgebaut werden und wenn ja welches?[15] Ziel der Verwendung von Karten und letzten Endes der Kartenarbeit ist es eben nicht, nur das Kurzzeitgedächtnis der Schüler zu beanspruchen, um Wissen kurzerhand abzufragen, sondern es soll über Jahre hinweg ein Verständnis für Karten aufgebaut werden.[16]

---

[12] Vgl. Hemmer, M., Hemmer, I., Obermaier, G. und Uphues, R.: Räumliche Orientierung. Eine empirische Untersuchung zur Relevanz des Kompetenzbereichs aus der Perspektive von Gesellschaft und Experten. In: Geographie und ihre Didaktik, H. 1 (2008), S. 17 ff.
[13] Vgl. Sperling,W.: Karten –und Luftbildinterpretation als instrumentale Lernziele. In: Eugen, E. (Hrsg.): Geographie für die Schule. Braunschweig 1978, S. 226 f.
[14] Vgl. Becker, G., E.: Unterricht planen. Handlungsorientierte Didaktik Teil I. Weinheim 2007, S. 159.
[15] Vgl. Popp,W.: Wege zur Vorbereitung des Kartenverständnisses. In: Engelhardt,W./ Glöckel, H. (Hrsg.): Wege zur Karte. 2. Auflage Bad Heilbrunn 1977, S. 79.
[16] Ebd., S. 79.

Die Karte wird dabei als Medium für den Einsatz in der Schule gesehen und der Umgang mit dieser sollte im Regelfall im Unterricht geschult werden.[17] Wichtige Grundlage für Kartenarbeit sind dabei verschiedene Denkoperationen wie kausales Denken, Abstraktion, Analyse und Synthese, kritisches Denken und Schlussfolgern.[18] Kritikpunkt an den Leitlinien der Kartenarbeit ist, dass aufgrund der relativ oberflächigen Nutzung der Karten für reine Lokalisationszwecke für geographische Objekte im Raum ein nur sehr geringes Kartenverständnis der Schüler aufgebaut werden kann. Erweiterte Kartenarbeit wie Raumbeurteilung, Bewertung von Räumen und Funktionsanalysen finden nur eine sehr geringe Nutzung im Unterricht.[19]

Die notwendige Einführung in das Kartenverständnis erfolgt bereits in der Grundschule. Doch leider geschieht diese Einführung zumeist unzureichend oder die für die Vermittlung eingesetzten Methoden sind vollkommen ungeeignet.[20] So kommt es, dass die Kartenarbeit als ein rein technischer Vorgang bearbeitet wird. Dass Karten aber ein Produkt der menschlichen Gestaltung sind, sie jedoch einen selektiven Charakter haben, wird dabei vernachlässigt.[21] Das Grundproblem hierfür sind die fehlenden Lehrplanvorgaben in der Grundschule. Es gibt keine genauen Richtlinien für die konkrete Kartenarbeit und ihre Einführung und so kommt es oftmals zu unzureichenden Kartenkenntnissen beim Übertritt in die Sekundarstufe I.[22] Auch in der Sekundarstufe I bleibt der Anspruch an das Kartenverständnis gering. Karten dienen vorwiegend der Bereitstellung von Informationen und deren Weiterverarbeitung.

3.3 Die Arten und Bedeutung von Karten in der Schule

Es gibt zwei Klassifizierungen von Karten. Zum einen nach dem Inhalt der Karte und zum anderen nach ihrer Darbietungsform. Klassifiziert nach ihren Inhalt, gibt es:

Topographische Karten: sie sind gekennzeichnet durch die Abbildung von Gewässern, Geländeformen, Bodenbedeckungen und eine Reihe sonstiger, zur allgemeinen

---

[17] Vgl. Sperling: Karten –und Luftbildinterpretation, S. 229.
[18] Reinfried, S.: Entwicklung des räumlichen Denkens. In: Haubricht, H. (Hrsg.): Geographie unterrichten lernen. 2. Auflage. München 2006, S. 71.
[19] Vgl. Herzig, R.: GIS in der Schule – Auf dem Weg zu einer GIS-Didaktik. In: Kartographische Nachrichten H. 4 (2007), S. 201.
[20] Vgl. Arnberger, E.: Neuere Forschung zur Wahrnehmung von Karteninhalten. In: Kartographische Nachrichten, H. 4 (1982), S. 126.
[21] Vgl. Gryl, I.: Kartenlesekompetenz – Ein Beitrag zum konstruktivistischen Geographieunterrichtes (= Materialien zur Didaktik der Geographie und Wirtschaftskunde). Wien 2009, S. 12.
[22] Vgl. Hemmer, M. & Engelhardt, T.: Wege zur Karte – Einblicke in der Kartenarbeit im Sachunterricht der Grundschule. In: Geographie Heute. H. 6 (2008), S. 321 f.

Orientierung notwendiger Erscheinungen inklusive der Beschriftungen des Hauptgegenstandes der Karte. [23]

Thematische Karten: sie enthalten dagegen größtenteils Erscheinungen oder Vorkommnisse nicht topographischer Art. Jedoch stehen diese mit der Erdoberfläche direkt in Verbindung. Dabei handelt es sich um Dinge, die georäumliche Lage, Verbreitung oder Bewegung besitzen. Dies können sowohl reale Dinge, als auch Beziehungen, Funktionen oder Hypothesen sein

Physische Karten: sie sind gekennzeichnet einerseits durch die Darstellung des Reliefs (verschiedenfarbige Höhenschichten), andererseits die Wiedergabe des topografischen Grundgerüstes.

Geografische Grundkarten: sie sind gekennzeichnet durch Informationen über Relief, Vegetation, Bodennutzung und andere kulturgeographische Informationen.

Stumme Karten und die Umrisskarten enthalten stark reduzierte Informationen (Fehlen von Beschriftungen usw.).

In der Grundschule werden physische Karten, thematische Karten und stumme Karten am liebsten eingesetzt.

Unter dem Aspekt der Darbietungsformen von Karten gibt es die unterschiedlichsten Varianten. Sei es die traditionelle Wandkarte, die Schulbuchkarte, Atlaskarte, Folienkarte oder die immer beliebter werdende digitale Wandkarte, bzw. Computerkarte. Welche Form der Karte im Unterricht genutzt wird, ist dabei zum Einen von der medialen Ausstattung des Raumes und von der Zielsetzung des Unterrichts abhängig. Blickt man heute in eine gängige Unterrichtsstunde im Fach Geographie, so wird man am meisten die Schulbuch –und Atlaskarten vorfinden. Diese haben die Wandkarte als Standarddarbietungsform abgelöst. Neuer lernpsychologische Forschungen haben ergeben, dass eine Wissensabfrage an analogen Wandkarten immer mehr in den Hintergrund gerät.[24] Begründet wird dies durch die unzureichende Gewährleistung eines nachhaltigen Lernerfolges. Außerdem widerspräche es zugleich den geforderten Raumverhaltens –und Problemlösungskompetenzen. Dem gegenüber bieten die Atlas –und Schulbuchkarten auch den Vorzug, dass sie eine größere

---

[23] Internationale Gesellschaft für Kartografie, 1972.
[24] Vgl. Hüttermann, A.: Kartenlesen – (k)eine Kunst. Einführung in die Didaktik der Schulkartographie. München, Oldenburg 1998, S. 87.

Interaktion innerhalb der Schüler, in Form von Partner –und Gruppenarbeit, erlaubt. Desweiter stehen in den Atlanten und Schulbüchern für den Unterricht eine große Anzahl an Karten zur Verfügung. Der Schulatlas greift dabei, je nach der regionalen Gliederung, verschiedene Themenbereiche für den Unterricht auf und bereitet diese kartographisch auf. Großer Vorteil der meisten Atlanten und Schulbücher für die Grundschüler sind die passgenauen Karten, welche es vermeiden, die Schüler mit im Augenblick irrelevanten Informationen zu überfordern. Diese Karten sind gekennzeichnet durch eine graphische Entlastung und im Regelfall durch die der Situation angepasste Fragestellungen. Damit bieten sie einen großen Vorteil gegenüber normalen Schulatlanten der Sekundarstufe I und II und ermöglichen einen guten Einstieg in das Kartenverständnis für Grundschüler.

Computerkarten stellen in den Darbietungsformen eine neue Variante des Mediums „Karte" dar. Sie ist unter dem Begriff der Computerkartographie zusammenzufassen und ist im Schulalltag in Form von Software wiederzufinden. Eine Möglichkeit der Anwendung bildet z.B. GIS, welches einen handlungsorientierten Umgang mit Karten erlaubt. Den Schülern wird dabei in ihrem Lernprozess ein interaktiver Umgang mit Daten gewährleistet. Eine weitere Form der Computerkarten ist die digitale Wandkarte. Sie wird in deutschen Schulen immer beliebter, da sie eine direkte Interaktion der Schüler mit der Karte erlaubt. Die Lernenden können auf dieser direkte Markierungen/Hervorhebungen machen und somit ihre Erkenntnisse graphisch darstellen. Diese neuen Techniken sind aber aufgrund ihres hohen Kostenaufwandes noch sehr gering an deutschen Schulen vorhanden, so dass das Schulbuch und der Atlas auch in der nächsten Zeit das am meisten genutzte Medium für die Kartenarbeit bleiben wird.

Die in der Schule verwendeten Atlanten haben als kartographischen Inhalt Deutschland, die einzelnen Kontinente und eine Weltkartenübersicht. Die einzelnen Karten sind für die verschiedenen Anforderungen an den Lehrplan angepasst und zusammengestellt. Hüttermann unterscheidet dabei in drei Typen – physische Karten, thematische Übersichtskarten und Fallbeispielkarten. Bei der Atlasarbeit besteht das primäre Ziel in einer realistischen geographischen Weltbildvermittlung und das Erwecken des Interesses zur Informationssuche und –verarbeitung mit Hilfe von Karten.[25] Der Atlas ist grundsätzlich so angelegt, dass er möglichst viele geographische Informationen enthält, welche nicht alle unterrichtsrelevant sind. Wie zuvor erwähnt sind Grundschulatlanten dahingehend bereits sehr stark „vereinfacht", dennoch enthalten auch diese für die Zielsetzung vernachlässigbare

---

[25] Vgl. Haubrich, H.: Geographie unterrichten lernen.. München, 2006, S. 4.

Informationen. Deshalb hat die Lehrperson als Aufgabe, unwichtige Daten zu filtern, damit aus dem Atlas ein „perfektes" Lehrmittel wird. Das gleiche gilt auch für Schulbuchkarten.

Nicht immer sind diese vollkommen uneingeschränkt nutzbar, sodass es zu einem sinnvollen Zusammenspiel von Atlas und Schulbuch kommen muss, um so die Vorteile beider Medien auszuschöpfen.[26]

3.4 Der Kompetenzerwerb zum Kartenverständnis in der Schule

Der Kartenkompetenzerwerb ist der Prozess der bei den Schülern stattfinden muss. So kommt es auch hier durch gewonnene Erfahrungen zu einer Veränderung im Verhaltenspotential. Gemäß Klippert[27] gibt es verschiedene Lernprozesse:

- kognitives Lernen (= inhaltlich-fachliches Lernen → Faktenwissen)
- methodisches Lernen (= methodisch-strategisches Lernen →   organisieren, planen, strukturieren, …)
- soziales Lernen (= sozial-kommunikatives Lernen → diskutieren, präsentieren, zuhören, …)
- affektives Lernen (= emotionales Lernen → Bezug zu Thema, Motivation, …)

Das Kartenverständnis, bzw. genau genommen die Tätigkeit des Kartenlesens kombiniert im Regelfall das methodische mit dem kognitiven Lernen. Die anderen beiden Lernprozesse treten höchstens begleitend auf. In unserer Gesellschaft gehört das Lesen von Karten zum Alltag. Dabei ist der Vorgang, der hinter dieser Tätigkeit steckt, sehr komplex. Ähnlich komplex wie das Verstehen eines Textes oder das Lösen mathematischer Aufgaben. Es setzt voraus, dass man abgebildete Objekte auf der Karte erkennen kann (= Elementaranalyse) und die Aussage der jeweilige Karte zielgerichtet interpretieren kann. Um eine Karte also effektiv nutzen zu können, muss der Schüler sich ein kartenspezifisches prozedurales Wissen aneignen.

4 Das Medium „Karte"

Wie bereits kennengelernt sind Karten in der Schule ein sehr wichtiger Gegenstand und Mittel des Geographieunterrichtes. Um eine Karte nutzen zu können, bedarf es einem gewissen

---

[26] Vgl. Altemüller, F.: Atlaskarte –Wandkarte – Schulbuchkarte. In: Geographie und Schule. H. 80 (1992), S. 208.
[27] Vgl. Klippert, H.: Methoden-Training. Übungsbausteine für den Unterricht. 14. Auflage, Weinheim 2004

Kartenverständnis. Auf der anderen Seite führte eine häufige Kartennutzung zu einem Vertiefen und Erweitern des Kartenverständnisses. Es muss also zu einer didaktischen Einheit zwischen dem Kennenlernen der Karte und ihrer Anwendung/Beanspruchung kommen.

Sowohl der Bereich Kartennutzung, als auch das Kartenverständnis werden bereits ab der Klasse 3 bis in die Klasse 12/13 aktiviert. Dabei überwiegt im Sachkundeunterricht der Primarstufe noch die "Arbeit an der Karte"; im Fach Geographie der Sekundarstufe I und II dominiert dann die "Arbeit mit der Karte".

Wichtig für die Einführung in das Kartenverständnisses ab der Klassenstufe 3 ist, dass die Schüler wissen: Was man unter einer Karte versteht? Welche Merkmale sie aufweisen muss? Welche Anforderungen an eine Karte gestellt werden? Und was eine gute Karte auszeichnet?. Um dieses Grundwissen für das Kartenverständnis zu schaffen, bedarf es einer Definition für „Karten" und ihre Zerlegung in ihre kartographischen Grundbegriffe. Auch die Bedeutung einer Karte als Medium für den Geographieunterricht sollte geklärt werden. Zunächst wäre zu klären, was man unter dem Medium „Karte" überhaupt versteht und was Karten genau sind.

4.1 Die Definition des Mediums „Karte"

Nimmt man die Definition von der „Internationalen Kartographischen Vereinigung[28]", so ergibt sich folgende Definition für Karten: „Karten sind maßstäblich verkleinerte, generalisierte und erläuterte Grundrissdarstellungen von Erscheinungen und Sachverhalten der Erde, der anderen Weltkörper und des Weltraumes in einer Ebene."Laut der „Internationalen Kartographischen Vereinigung" ergeben sich also vier wichtige Merkmale, welche jede Karte aufweisen muss.

Maßstäblich verkleinert:

Hierbei wird die naturgegebene Wirklichkeit im korrekten Größenverhältnis auf die Karte verkleinert. Dabei ist der Maßstab die mathematische Ausdrucksform des linearen Verkleinerungsverhältnisses zwischen Natur und Karte.

Das Verkleinern von Maßstäben macht den Schülern dabei keine Probleme, denn damit gehen sie alltäglich um. Um das Verkleinern den Schülern näher zu bringen, bieten sich

---

[28] Internationale Kartographische Vereinigung 1968

Spielzeugautos an, anhand derer man die Verkleinerung erklären kann, Um den Schülern die Maßstabsangabe zu verdeutlichen, bietet sich die ablesbare und übertragebare Maßstabsleiste an.[29] Dazu mehr unter Kapitel 5.1 Bestimmen und Berechnen von Entfernungen.

Verebnet:

Die dreidimensionale Wirklichkeit der Karte wird dabei in eine zweidimensionale Ebene projektziert. Dies geschieht, um die gekrümmte Oberfläche der Erde in der Kartenebene abbilden zu können. Die grundsätzlichen Voraussetzungen bilden dabei die Kartennetzentwürfe, welche auf dem Gradnetz der Erde beruhen. Durch die Projektion wird das Gradnetz auf einen Hilfskörper in die Ebene übertragen (Kartenprojektion), bzw. durch mathematische Ableitung (Kartenentwurf) verebnet.

Es treten hierbei zwei Probleme auf. Erstens das der Kartennetzentwürfe. Diese stellen die kugelähnliche Erdoberfläche auf ein planes Papier dar. Bei kleinen Kartenausschnitten, wo der Erdausschnitt nur wenige Kilometer betrifft ist die kugelförmige Gestalt der Erde unerheblich. Nimmt man aber Karten mit kontinentalen oder weltumspannenden Ausmaßen, so ist es ein ernstzunehmendes Problem, welches die Schüler begreifen müssen. Die zweite Problematik ist die der dreidimensionalen Darstellung. Sprich in Form von Erhebungen an der Oberfläche wie z.B. Berge. Schüler jüngerer Klassenstufen haben Probleme, diese raumbezogen wahrzunehmen.[30] Diese beiden Problemfelder muss die Lehrperson versuchen, bei der Einführung in das Kartenverständnis zu überwinden.

Generalisiert:

Unter der kartographischen Generalisierung versteht man die Verallgemeinerung der Wirklichkeit auf das Wesentliche. Dies geschieht durch Vereinfachen, Konzentrieren und Hervorheben des Gegebenen. Die Generalisierung findet ihre notwendige Anwendung immer dann, wenn

1. der Maßstab verändert wird Durch die Verringerung des Maßstabes der Karte wird die dargestellte Fläche reduziert. Dies führt zu einer Auswahl und Verallgemeinerung auf bestimmte Kartenobjekte.

---

[29] Vgl. Hüttermann: Kartenlesen, S.20.
[30] Vgl. Hüttermann: Kartenlesen, S. 24 ff.

2. die Zweckbestimmung verändert wird Es wird nur das dargestellt, was dem Zweck der Verwendung der Karte entspricht.

3. das Thema verändert wird Es wird nur das ausgewählt und hervorgehoben, was dem Thema der Karte zur Verwendung entspricht.

Bei der Generalisierung gibt es verschiedene Methoden, wie z.b. die Auswahl, Formvereinfachung, Zusammenfassung, Typisierung, Qualitätsumschlag, Vergrößern/Betonen, Verdrängung,... .

Verdeutlichen kann man den Schülern die Generalisierung z.b. anhand von sogenannten Duokarten. Dabei handelt es sich um Wandkarten, auf denen links Satellitenbilder und rechts traditionelle „physische" Wandkarten abgedruckt sind. Auf den Bildern vom Satelliten sind alle Details fotografisch vorhanden, aber auf der rechten Seite ist alles kartographisch generalisiert.[31]

Erläutert:

Um eine Karte verstehen zu können, bedarf es einer exakten Erläuterung der selbigen. Der Betrachter muss die farblichen und grafischen Abbildungen identifizieren können. Um dies realisieren zu können, besteht die Notwendigkeit einer Legende, welche den symbolischen Generalisierungen eindeutige Begriffe und damit Bedeutungen zuordnet.

4.2 Die Anforderungen an eine Karte

Neben den definierten Merkmalen einer jeden Karte, gibt es noch einige weitere Anforderungen, die eine Karte erfüllen muss:

- **Geometrische Genauigkeit (Lagegenauigkeit)**
exakte Wiedergabe von Größe und Ausdehnung sowie absolute und relative Lage der Objekte.

- **Vollständigkeit**
Durch die maßstäbliche Verkleinerung ist eine absolute Vollständigkeit nicht realisierbar. Deshalb erfolgt eine Generalisierung zur Gewährleistung der Anschaulichkeit und Lesbarkeit bei relativer Vollständigkeit.

---

[31]Vgl. Hüttermann: Kartenlesen, S. 22 f.

- **Aktualität**

Nur aktuelle Karten besitzen einen hohen Gebrauchswert. Deshalb werden kartographische Produkte kontinuierlich oder in festgelegten Zeiträumen aktualisiert.

- **Zweckmäßigkeit**

Je nach Verwendungszweck werden die benötigten Informationen in verständlicher Form dargestellt.

- **Geographische und inhaltliche Richtigkeit**

Typische geographische Besonderheiten werden betont und hervorgehoben. Der dargestellte Inhalt muss den neusten wissenschaftlichen Erkenntnissen entsprechen.

Die Karte ist für die Geographie das wichtigste Medium, um einen raumbezogenen Sachverhalt darzustellen. Im Gegensatz zu Bildern besitzen Karten keine expliziten Relationszeichen, sondern ureigene Eigenschaften in ihrer Struktur. Diese stimmen wiederum mit einigen Struktureigenschaften des abgebildeten Sachverhaltes überein. In diesem Fall spricht man innerhalb der Kartographie davon, dass die jeweilige Karte primäre und sekundäre Informationen enthält und zugleich in diese unterschieden werden kann.[32] Daraus resultiert die Tatsache, dass die räumliche Anordnung der einzelnen Sachverhalte in der Karte in räumlicher Form gezeigt werden kann (vgl. Definition oben). In der Kartographie unterscheidet man dies in chronologische und chorographische Eigenschaften. Entscheidende Vorteile haben dabei die chorographischen depiktionalen Repräsentationsformen Anhand bestimmter Repräsentationsformen können Informationen und Lagebezeichnungen abgelesen werden. Ebenso ergibt sich die Tatsache, dass man erkennt, ob sie vollständig sind oder nicht. Des Weiteren ist diese Form der Repräsentation handfester, als vergleichbare beschreibende Formen (z.B. Texte).[33]

Als besonders sinnvoll gelten die Karten im Unterricht dann, wenn die Schüler es schaffen, bereits auf den ersten Blick die wesentlichsten Elemente des Themas herauszufiltern. Dies sollte primär über die Form- und Farbgebung der Karte passieren, wie z.B. bei Klimakarten, wo die kälteren Zonen der Erde mit Blautönen versehen sind und die wärmeren Regionen, wie die Tropen, mit rötlichen Farben. Eine entscheidende Rolle spielt dabei die Konsequenz, bei einem Schulatlas über Jahre hinweg zu bleiben, um eine einheitliche Gewöhnung der Schüler an die gewählte Farbgestaltung zu gewährleisten. Verschiedene Atlanten und Schulbücher unterscheiden derweilen sehr stark in Ihrer Farbsystematik und würden die Schüler durch ihre

---

[32] Vgl. Hüttermann: Kartenkompetenz, S. 4.
[33] Ebd., S. 5.

Inkonsequenz verunsichern und überfordern. Die Folge der Gewöhnung an eine Systematik ist eine schnellere Dekodierung von Karten und somit ein Aufbauen des Kartenverständnisses.

4.3 Die Anforderungen an die Schüler bei der Kartenarbeit im Schulunterricht

Aus der Definition einer Karte wird deutlich, welche Schwierigkeiten von den Schülern und Schülerinnen hinsichtlich des „Kartenlesens" bewältigt werden müssen. Es muss zum einen die Symbolik entschlüsselt werden (=Kartenlegende), der Maßstab muss erkannt werden (ggf. auch berechnet werden), die Generalisierung muss verstanden werden – sprich der Wegfall, bzw. die Vereinfachung der Darstellung von geographischen Objekten und das Verständnis für die Projizierung der dreidimensionalen „Wirklichkeit" in die zweidimensionale Ebene (Relief wird durch Höhenlinien dargestellt). Die Schüler und Schülerinnen müssen also die Probleme lösen, um eine Karte zu „entschlüsseln".

5 Die Kartenarbeit

5.1 Die Kartenlegende als Anleitung für den Kartengebrauch

Zu den Grundvoraussetzungen für die Nutzung von Karten gehört, dass man sich ausgiebig mit der Legende einer Karte auseinandersetzt. Durch die Entwicklung der thematischen Kartographie gibt es heutzutage keine allgemeingültige Legende, die man auf jede Karte anwenden kann. Einzige Ausnahme bilden dabei die topographischen Karten (eingeschränkt auch die geologischen Karten), die einigermaßen aufeinander abgestimmt sind. Dennoch benötigt auch dieser Kartentyp, trotz seiner übertragbaren Zeichenvorschriften für alle Karten, zumindest für die Anfangszeiten eine sehr intensive Einführungsphase, um diese so weit zu verinnerlichen, dass man nur noch selten auf die Legende schauen muss.

Um eine Karte nutzen und verstehen zu können, bedarf es der Dechiffrierung der jeweiligen Legende. Ziel des Lehrers muss es sein, dass die Schüler sich automatisch vor der eigentlichen Kartennutzung mit der jeweiligen Legende auseinandersetzen. Dabei besitzt jede Karte ihren eigenen Zeichenschlüssel. Diese unterscheiden sich u.a. in der Farbgebung also auch in den Signaturen. Signaturen sind fest vorgeschriebene Darstellungsformen für die Karten. Sie sollten selbsterklärend gestaltet sein und zusätzliche, oftmals nicht direkt aus der Kartengestalt zu entnehmende Informationen, wie Geländehöhe (z. B. Höhenkurven,

Höhenkoten) verdeutlichen.[34] Auch sollten Signaturen Verkehrswege klassifizieren, sowie die Namen und Größen von Objekten (z. B. Name einer Stadt, Angabe zur Einwohnerzahl) vermitteln. Sie beziehen dabei ihre Abhängigkeit durch die Thematik und Zweckbestimmung der Karte, sowie vom Kartenmaßstab und dem Inhalt.

Man unterscheidet dabei u.a. in z.b.

Linearsignaturen

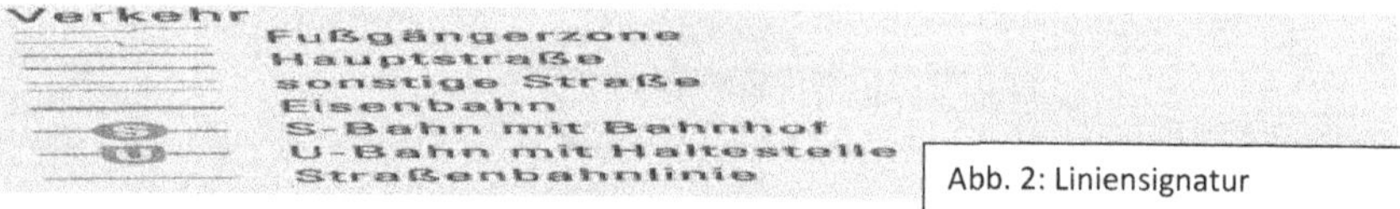

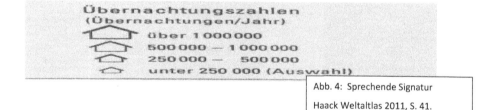

Abb. 2: Liniensignatur

Haack Weltaltlas 2011, S. 47.

Flächensignaturen

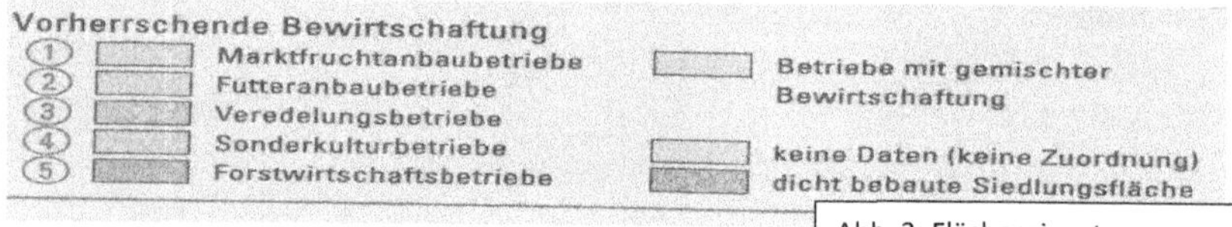

Abb. 3: Flächensignatur

Haack Weltaltlas 2011, S. 41.

Weitere Signaturformen wären u.a. die Lokalsignaturen, sprechende Signaturen und geometrische Signaturen. Aber auch Schriftzeichen können durch ihre Größe als Signaturen zu Standorten dienen.

Abb. 4: Sprechende Signatur

Haack Weltaltlas 2011, S. 41.

Neben den Signaturen spielt, wie bereits mehrfach angesprochen, die Farbe eine sehr entscheidende Rolle. So werden beispielsweise Grenzlinien in Atlaskarten in rot dargestellt.

---

[34] Schertenleib, H. M., Egli-Broz, H.:Grundlagen Geografie: Aufgaben des Fachs, Erde als Himmelskörper und Kartografie: Lerntext, Aufgaben mit Lösungen und Kurztheorie. Zürich 2008, S.142 f.

Die Art und Bedeutung der Grenzlinie wird dann wiederum durch verschiedene Linienarten differenziert. So gibt es Grenzen der Bundesstaaten eines Landes, Staatsgrenzen und nicht genau festgelegte Grenzen. Für den Lernenden besteht nun die Aufgabe darin zwischen diesen Linienarten zu unterschieden. Aber nicht nur für die Grenzdarstellung ist die Farbwahl entscheidend. Auch bei der visuellen Wahrnehmung von Inhalten einer Karte spielt sie eine große Rolle. So werden zum Beispiel auf Niederschlagskarten trockene Gebiete mit niedrigem Niederschlag gelb dargestellt und feuchtere Areale mit bläulichen Farbtönen. Ein weiteres Beispiel wären Reliefkarten, bei denen flachere Gebiete grün dargestellt werden und mit zunehmender Reliefhöhe die Farbgebung von gelb nach braun sich verändert. Doch genau hier ist eines zu beachten und zwar assoziieren die Schüler und Schülerinnen die Farbgebung sehr häufig falsch. Dabei wird die Farbe Grün automatisch mit Wald –und Wiesengebieten verbunden. Auch die Tatsache, dass in thematischen Karten die gleiche Farbwahl für verschiedene Sachverhalte Verwendung findet sorgt bei den Lernenden für Schwierigkeiten.

Die Einführung in den Symbolcharakter von Karten erfolgt in den Jahrgangsstufen 3 und 4. In den Klassenstufen 5 und 6 muss dann dieses „Vorwissen" aufgegriffen werden, um es letztendlich zu festigen und zu erweitern.

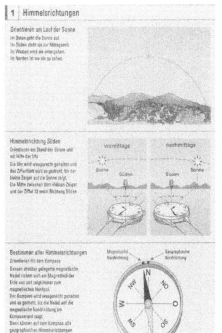

5.2 Das Bestimmen und Berechnen von Entfernungen

Bereits in den Klassenstufen 3 und 4 werden Schüler und Schülerinnen an Richtungs- und Entfernungsbestimmungen herangeführt, denn diese sind Grundvoraussetzung für das Orientieren im Raum, das Erarbeiten von Lagemerkmalen und das Gewinnen von räumlichen Größenvorstellungen.

Der erste Schritt erfolgt in der Bestimmung der Richtung. Hierzu werden die Himmelsrichtungen benannt – Nord, Süd, Ost und West. Darauf aufbauend werden dann die Nebenhimmelsrichtungen

Abb. 5: Himmelsrichtungen
Haack Weltaltlas 2011, S. 8.

bestimmt – Nordost, Südost, Südwest und Nordwest (s. Abb. 5). Dies soll als Ziel verfolgen, dass die Schüler Richtungen auf Karten nicht mehr mit „links", „rechts", „oben" oder „unten" bezeichnen, sondern spezifische Aussagen wie „südlich" oder „südwestlich" treffen. Die bei uns vorwiegende Betrachtungsperspektive von Karten ist von Norden (oben) nach Süden (unten), obwohl auch schon einer Verwendung einer umgekehrten Perspektive im deutschen Schulalltag anzutreffen ist. Erweitert wird die Betrachtung durch die Einführung des Gradnetzes. Dieses soll bei kleinmaßstäbigen Karten, wie z.B. die Weltkarte, zur Lagebestimmung mit herangezogen werden.

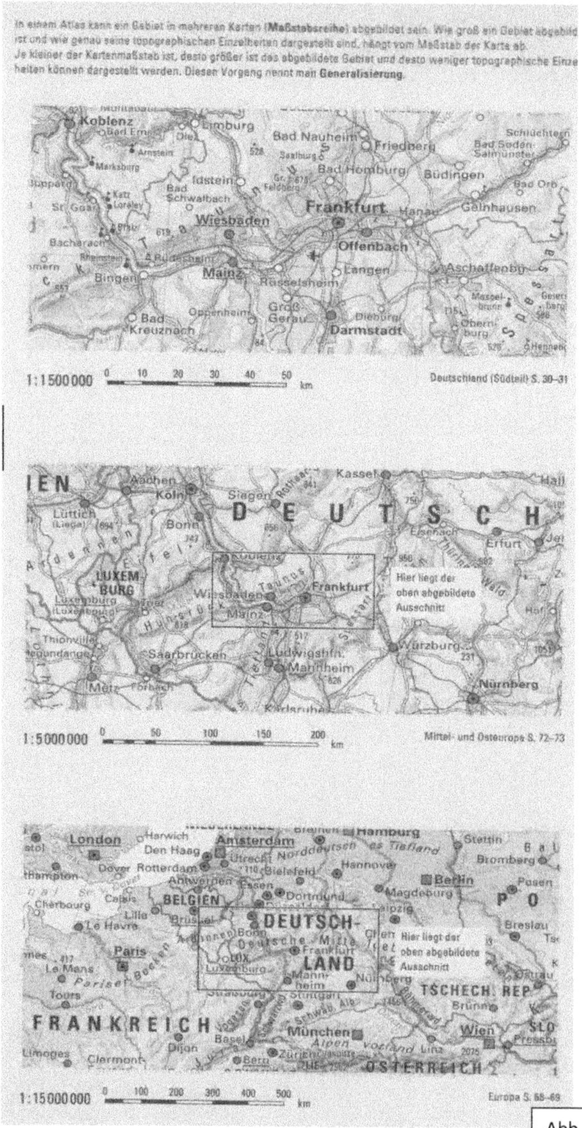

Nachdem die Grundlagen der Richtungsbestimmung gelegt wurden, erfolgt die Bestimmung der Entfernung (s. Abb. 6). Hierbei wird der Kartenmaßstab als Hilfe genommen. Der Maßstab benennt dabei das Verkleinerungsverhältnis. Dies bedeutet, ist der Kartenmaßstab 1 : 1 000 000 so entspricht 1 cm auf der Karte 1 000 000 cm, bzw. 10 km in der Realität. Verdeutlicht wird dieser zum

Abb. 6: Maßstabsleiste
Haack Weltatlas 2011, S. 9.

Einen durch den Zahlenmaßstab, also dem Zahlenverhältnis und zum Anderen durch die Maßstabsleiste, also dem Linearmaßstab mit Streckeneinteilung. Das Verständnis für den Maßstab ist deswegen wichtig, um Flächen und Distanzen richtig abschätzen zu können (s. Abb. 7).

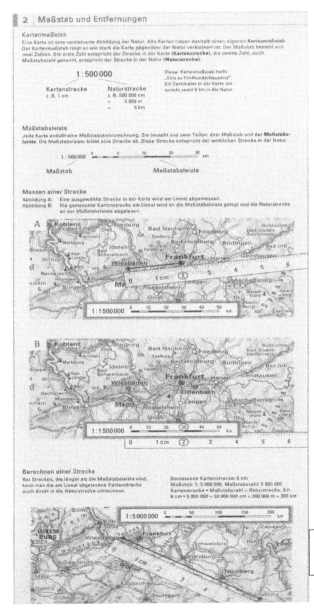

Ohne dieses Verständnis kommt es immer wieder dazu, dass vor allem jüngere Schüler und Schülerinnen Kartendarstellungen falsch interpretieren. Da Karten, wie z.B. Wandkarten oftmals die gleichen Maße haben, aber dennoch unterschiedliche Dimensionen darstellen (z.B. Wandkarte Europa und Wandkarte Deutschland) kommt es zu einem falschen Raumverständnis. Nur durch das Bewusstsein für die Bedeutung des Maßstabes einer Karte können die Schüler und Schülerinnen die Karten richtig erfassen und den flächenmäßigen Unterschied verstehen.

Abb. 7: Entfernung
Haack Weltaltlas 2011, S. 9.

5.3 Die Lagebestimmung und -beschreibung mit Hilfe der Topographie

Um die Lage von geographischen Objekten im Raum zu bestimmen, kann die Topographie eine sehr wichtige und hilfreiche Rolle spielen. Grundkenntnisse in Topographie können dabei die Entwicklung von georäumlichen Orientierungsvorstellungen fördern. In Form von Ordnungssystemen und Orientierungsrastern kann so eine bessere Lagebestimmung erfolgen, z.b. durch das Heranziehen von Vegetations- oder Klimazonen, durch Gebirgsketten, Großlandschaften, Gewässernetzen usw. Grundvoraussetzung hierfür ist die Aneignung von topographischem Orientierungsgrundwissen, wie beispielsweise Kenntnisse über geografische Objekte und deren Namen (Gebirge, Meere, Staaten, Kontinente, …).

Daher bildet die Topographie einen essentiellen Bestandteil für die Lagebestimmung und -beschreibung und somit auch für die Entwicklung der Kartenkompetenz bei den Schülern. Nach Wolfgang Schlimm[35] umfasst die Einführung in das topografische Orientierungswissen mehrere Schritte, u.a. den Namen des Objektes sprechen und schreiben, einen Oberbegriff dem Objekt zuordnen (wie Kontinent, Stadt, Land, Fluss, Berg, …), die allgemeinen (z.b. liegt im Norden von Sachsen) und speziellen Lagermerkmale (z.b. östlich der Donau) angeben, diese Lagemerkmale und das Objekt auf der Karte suchen und zeigen zu können. Der finale Schritt besteht dann darin, den Namen des Objektes als topographischen Merkstoff zu speichern.

Im Zusammenhang mit dieser Einführung steht die Entwicklung der Fähigkeit der Schüler zur Arbeit mit Atlanten. Die Schüler sollen selbstständig anhand des Registers und des Inhaltsverzeichnisses das geographische Objekt heraussuchen und so seine Lage bestimmen. Voraussetzung hierfür ist eine permanente Arbeit mit dem Atlas, um so die Fähigkeit der Schüler zu fördern.

---

[35]Wolfgang Schlimme 1986

23

Orientierung auf der Erdkugel

Dafür haben Kartographen ein so genanntes Gradnetz, d. h. ein Netz von Kreisen um die Erdkugel gelegt. Das sind die Längenkreise und die Breitenkreise.

1. Die Längenkreise (auch Meridiane genannt) werden ausgehend vom Null-Meridian von Greenwich nach Westen jeweils um die halbe Erdkugel bis 180° westlicher Länge gezählt bzw. nach Osten bis 180° östlicher Länge. (Blaue Gradzahlen am oberen und unteren Kartenrand)

2. Die Breitenkreise werden ausgehend vom Äquator nach Norden bis 90° nördlicher Breite, dem Nordpol, gezählt bzw. nach Süden bis 90° Grad südlicher Breite, dem Südpol. (Blaue Gradzahlen am linken und rechten Kartenrand)

Um die Lage eines Punktes auf der Erde genau bezeichnen zu können, wird seine Lage auf dem jeweiligen Längenkreis sowie auf dem jeweiligen Breitenkreis angegeben. Zum Beispiel liegt Krakau im Schnittpunkt von 20° östlicher Länge und 50° nördlicher Breite.

Orientierung in den Atlaskarten

Dafür haben sich die Kartographen einen kleinen Trick ausgedacht. Wie beim "Schiffe versenken" werden die Abstände zwischen den Längenkreisen und den Breitenkreisen, die so genannten Gradnetzfelder, mit Buchstaben und Ziffern gekennzeichnet.

Zum Beispiel:
G rote Buchstaben stehen am oberen und unteren Kartenrand und
3 rote Ziffern stehen am linken und rechten Kartenrand

So kann jedes Gradnetzfeld benannt werden.
In diesem Fall: G 3

Lage des nebenstehenden Gradnetzfeldes G 3 in der Karte "Europa: Physische Übersicht, 1:15000000".

Abb. 8: Gradnetz
Haack Weltaltlas 2011, S. 8.

5.4 Die Lagebestimmung mit Hilfe des Gradnetzes

„Das Gradnetz ist das aus Meridianen (halben Längenkreisen) und Breitenkreisen gebildete Netz, das zur genauen Lagebestimmung aller Punkte auf der Erde rechnerisch um diese gelegt wurde und auf Globen und Karten eingezeichnet wird. Als Nullmeridian wurde der Meridian von Greenwich (London) festgelegt. Von ihm aus werden die geografischen Längen bis 180° nach Osten (ö. L.) bzw. nach Westen (w. L.) gezählt. Von den Breitenkreisen ist nur der Äquator ein Großkreis, während alle anderen Breitenkreise polwärts immer kleiner werden. Die geo-grafischen Breiten zählt man vom Äquator aus bis 90° nach Norden (n. Br.) bzw. nach Süden (s. Br.)."[36]

Das Kartenverständnis der Schüler und Schülerinnen wird durch das Einführen und die praktische Anwenden des Gradnetzes erweitert. So ergibt sich für sie eine weitere Möglichkeit, die Lage von geographischen Objekten zu bestimmen und zu beschreiben. Das Gradnetz dient dabei für die Schüler u.a. dazu eine exakte Ortbestimmung vorzunehmen. Außerdem ergibt sich auch so eine neue Möglichkeit der Entfernungsberechnung, indem man die Abstände der Objekte im Raum zu den Breitenkreisen bestimmt.

Besonders wichtig ist das Gradnetz der Erde für die Entwicklung von Ordnungssystemen und Orientierungsrastern, wie z.B. den Klimazonen oder den Zeitzonen. Diese Entwicklung wird gefördert durch ein systematisches Kennenlernen und Anwenden des Gradnetzes.

---

[36] Vgl. Schülerduden Geographie, S.141.

Grundbegriffe, die die Schüler für eine grobe Ordnung des Gradnetzes bei der Einführung benötigen, sind Süd – und Nordpol, Äquator, Nullmeridian und natürlich die Erdhalbkugeln (Nord –und Südhalbkugel). Die genaue Einführung erfolgt in der Klassenstufe 5, aber Grundvoraussetzungen und Klärung erster Begrifflichkeiten erfolgen bereits in der Primarstufe.

5.5 Das Anfertigen kartographischer Skizzen

Das Kartenzeichnen ist eines der drei wichtigen Komponenten die zu einem Kartenkompetenzerwerb gemäß Hüttermann führen. Darunter fällt auch das Anfertigen von kartographischen Skizzen. Sie stellen dabei eine vereinfachte Darstellung der georäumlichen Wirklichkeit dar. Es stehen dabei weder der genaue Maßstab noch die Vollständigkeit des Karteninhaltes im Vordergrund. Ziel ist es, durch die didaktische Reduktion Gegebenheiten zu verdeutlichen und hervorzuheben.[37] Diese Art des Kartenzeichnens fördert bei den Schülern verschiedene Bereiche der Kartenkompetenz. Es führt u.a. zu einer Entwicklung des topographischen Orientierungswissens, individuelle instrumentelle Fertig –und Fähigkeiten werden herausgebildet und es fördert die Einsicht für Raumstrukturen. Dieses selbständige Anfertigen erzeugt letztendlich das Einbeziehen von kognitiven motorischen und visuellen Erkenntniswegen. Des Weiteren sind die kartographischen Skizzen sehr wichtig, um die Objektlage im Raum bzw. zu anderen geographischen Objekten zu beschreiben. Dadurch werden auch bestimmte Lagemerkmale und –beziehungen des Objektes verdeutlicht. Wichtig für das Anfertigen ist, dass die Skizzen einfach (einfache Linienführung), einprägsam (Farbgebung mit Signalwirkung) und übersichtlich (Reduktion des Karteninhaltes) dargestellt werden sollen. Ebenso ist die Kartenüberschrift und die Legende ein wichtiger Bestandteil der Skizzen.

6 Methodische Wege/Beispiele zur Vermittlung von Kartenverständnis

In der Vermittlung von Kartenkompetenz und Kartenverständnis liegt das vorwiegende Ziel darin, den Schülern die Möglichkeit zu bieten, die kognitive Verbindung zwischen den abstrakten Darstellungen auf den Karten und der Wirklichkeit zu erkennen. Der Lehrende kann auf dem Weg zum Kartenverständnis auf unterschiedliche Verfahren und Methoden zurückgreifen.

---

[37] Vgl. Böhn, D.: Didaktik der Geographie – Begriffe. München 1990, S. 79.

Bei Lenz findet man so einen Ansatz, der sich mit dem synthetischen, analytischen und genetischen Verfahren beschäftig.[38]

6.1 Das Synthetische Verfahren

Das synthetische Verfahren strebt dabei eine handlungsorientierte und anschauliche Vermittlung der Einzelelemente in den dargestellten Sachverhalten in der jeweiligen Karte an. Diese werden in minimalen Einzelschritten, welche aufeinander aufbauen von der Lehrperson vermittelt, bzw. mit den Schülern gemeinsam schrittweise erarbeitet. Einer der ersten Einzelschritte besteht dabei aus der Darstellung eines bereits bekannten Raumes aus der näheren Umwelt der Schüler in einem verkleinerten Modell. Auf diesen aufbauend werden dann die Siedlungs- und Landschaftselemente durch eine orthogonale Projektion auf eine Grundfläche übertragen. Es entsteht ein Grundriss des dargestellten Raumes. Einer der letzten Schritte ist es dann, die auftretenden Probleme, welche nun verdeutlicht werden, gemeinsam im Klassenverband zu diskutieren und eventuell Lösungsansätze zu finden. Man spricht bei dieser Vorgehensweise auch von dem Prinzip der Originalen Begegnung. Es erfolgt der Weg von der Wirklichkeit hin zu Karte in kleinen Schritten. Dieser umfasst dabei verschiedene Arbeitsschritte und Verfahrenstechniken, wie z.B. Messen und Berechnen, Umfahren von Objekten und Modellen, Luftbild, Zeichnen von Grundrissen, Herstellung von einfachen Karten, ... usw. Dabei ergeben sich für die Schüler verschiedene Vor- und Nachteile.

Zu den Vorteilen gehört, dass, der Schwierigkeitsgrad nur sehr langsam ansteigt, es herrscht das Prinzip „Vom Nahen zum Fernen". Bei den Schülern wird kein besonderes Vorwissen vorausgesetzt, als Ausgangpunkt für die Untersuchung gilt das nähere Umfeld („Der Heimatraum") und neue Begrifflichkeiten und Verfahrensmethoden werden in einer logischen Schrittfolge beigebracht.

Nachteile dieses Verfahrens ergeben sich aus der allgemeinen Problematik der Kartendarstellung. Diese tritt in den Hintergrund und verschieden auftretende zeichnerische und künstlerische Problematiken rücken in den Vordergrund. Forscher unterstellen: Bei dieser Methode würden die einzelnen Schüler in die Lage versetzt werden, von der jeweiligen Karte zur realen Vorstellung der dargestellten Landschaft zu finden (die Karte ist nur abstrakt)". Außerdem kommt es zu einer Überschätzung des Wertes der geographischen Karten.

---

[38] Vgl. Haubrich: Geographie unterrichten, S. 197.

Bildkarten, Wegskizzen, Reliefkarten werden nur als Übergangsform zur „echten" Karte verwendet und ihre eigentlichen Werte werden dabei verkannt.[39]

6.2 Das Analytische Verfahren

Bei dem analytischen Verfahren kommt es zu einem direkten Vergleich der wahrgenommenen und beobachteten Wirklichkeit und deren Reproduktion auf der erstellten Karte. Die charakteristischen Beschränkungen und Eigenschaften der Karten können dabei bei der Darstellung verdeutlicht werden. Im Vordergrund des Verfahrens steht dabei die Komponente der praktischen Orientierung. Dies bedeutet also die Übertragung und Anwendung von der Karte in der Realität, bzw. Wirklichkeit.

Betrachtet man nun diese Vorgehensweise etwas genauer, so bemerkt man, dass es sich hier um ein genau entgegengesetztes Verfahren als beim synthetischen Verfahren handelt, nämlich von der Karte zur originalen Wirklichkeit.

Bei dieser Verfahrenstechnik, in der es zu einer direkten Gegenüberstellung kommt, bedarf es bei den Schülern bereits vorhandener Informationen zur Thematik und eines gewissen Vorverständnisses für die Darstellungen. Es kommt durch die direkte Gegenüberstellung zu einer Intensivierung der Wechselwirkung und gegenseitigen Erschließung zwischen Verständnis der Karte und Erfahrung des Raumes. Diese Methode ermöglicht den Schülern eine eigenständige Auseinandersetzung mit der Kartendarstellung und eignet sich sehr gut für einen praxisorientierten Unterricht. Auch bei dieser Methode gibt es sowohl Vor- als auch einige Nachteile.

Die Vorteile wären unter anderem, dass durch die direkte Gegenüberstellung zu einer Vertiefung des Gesamteindruckes kommt. Es ist ein sehr praxisorientierter Ansatz (selbstständige Orientierung), wobei das abstrakte Denken geschult wird und Symbole, Farben und Zeichen der Karte ohne großes Vorwissen richtig gedeutet werden können.

Allerdings ist dieses Verfahren sehr zeit- und arbeitsaufwändig. Daneben müssen die Schüler über ein gewisses Vorwissen verfügen. Es ist auch nicht gewährleisten, dass die Transferphase von 2D in 3D vollzogen wird. Außerdem werden die Schüler, so wie Hüttermann es jedoch fordert, handwerklich und zeichnerisch nicht aktiv.[40]

---

[39] Vgl. Rinschede, G.: Geographiedidaktik. Paderborn 2007, S. 360.
[40] Ebd., S. 361.

6.3 Das Genetische Verfahren

Dieses Verfahren geht ähnlich wie das synthetische Verfahren von der erlebten Wirklichkeit aus. Es wird jedoch mehr Wert gelegt auf das Raumerlebnis und die Raumdarstellung der Kinder. Dies bedeutet, es werden „kartenähnliche" Darstellungen selbst von den Kindern angefertigt. Es entsteht dadurch eine Art Kinderkartographie und die Kinder durchlaufen die wichtigsten Stufen des biogenetischen Grundgesetztes.[41] Durch die vergleichende Analyse und Bewertung der verschiedenen, individuell ausfallendenden Darstellungen der Realität können die Notwendigkeit einer sich bestimmter Konventionen bedienenden Darstellung der Karten veranschaulicht gemacht werden.

Die Vorteile aus dieser Methode ist die kindgerechte Kartographie. Die eigene, heimatgetreue Darstellung der Landschafswirklichkeit wird entwickelt. Diese kommt dem genauen Landschaftsbild und der kindlichen Wirklichkeit in der Heimat sehr nahe. Gleichzeitig wird die absolute Generalisierung der geographischen Karte als „Verfälschung" bewusst vermieden.

Jedoch kommt es hierbei auch zu einigen Problemen. Es gibt spezielle Einführungen der abstrakten geographischen Karten in der Grundschule - nur ein vorbereitendes Verständnis wird aufgebaut. Es handelt sich dabei um keine allgemein gültige Kartendarstellung. Hierbei muss also durch weitere Verfahren im Anschluss ergänzt werden, da die eigene Heimatbildkarte der Kinder keine geographische Heimatkarte ist.[42]

6.4 Das Integrierte Verfahren

Idealerweise wird im Schulunterricht ein integriertes Verfahren verwendet. Der große Vorteil von diesem Verfahren ist es, dass es alle drei Verfahrenswege miteinander kombiniert. Die Kombination hat zur Folge, dass verschiedene Aufnahmesinne beansprucht werden und somit der Lernprozess effektiver gestaltet wird, da die unterschiedlichen Schülerbegabungen angesprochen werden und somit eine auf den Einzelnen individualisierte Leistungssteigerung zugelassen wird.

Der deutsche Geograph und Hochschullehrer Gerhard Hard geht dabei von einem anderen Ansatz aus. In seinem Aufsatz „„Umweltwahrnehmung und „mental maps" im Geographieunterricht" werden drei Paradigmen beschrieben

---

[41] Vgl. Hüttermann: Kartenlesen, S. 46.
[42] Vgl. Rinschede: Geographiedidaktik, S. 361.

- *Spurensicherungsparadigma*

Die Schüler versuchen, unterschiedlichen Gegenständen aus dem Alltag eine nicht „normale" Lesbarkeit, Interpretierbarkeit und Wahrnehmbarkeit zuzuordnen. Es soll also ein Perspektivwechsel auf den jeweiligen Gegenstand stattfinden. Ausschlaggebend ist dabei, dass eine Vertiefung der bereits vorhandenen mental map erfolgt und nicht eine Umzeichnung derselben. Durch diese Vertiefung soll sich die ausgehende mental map weiterentwickeln; diese Vertiefung soll, durch die Wahrnehmung, das Lesen und die Interpretation der sogenannten „Spuren" in unserer Umwelt geschehen.

- *Anknüpfungs- und Korrekturparadigma*

Bei diesem Paradigma stehen die mental maps (aus schulischem und außerschulischem Wissen bestehend) der Schüler im Mittelpunkt des Unterrichts. Der Lehrer setzt direkt bei diesen an und versucht, durch eine Transformation der Karten, eine Angleichung an die „Idealvorstellung" der mental map des Lehrers zu erzeugen.

- *Relativierungsparadigma*

Es soll nicht nur das Wahrnehmen der Umwelt verbessert werden, sondern eine Intensivierung des „Spurenlesens". Dadurch soll wiederum das Verständnis für das Verstehen der Urheber (Ursprünge/ Verursacher) verstärkt werden.[43]

Aus diesen Paradigmen soll sich aufbauend die Kartenkompetenz des einzelnen Schülers entwickeln. Hard leitet daraus das Prinzip seines Unterrichts „Umweltwahrnehmung" ab. Ausschlaggebender Punkt ist hierbei, die mental maps als Unterrichtseinheit zu vergleichen, zu ergänzen und zu korrigieren und diese dann auf verschiedene Länder, Regionen, Gebiete etc. zu beziehen. Des Weiteren sollte durch spezifische Fragestellungen eine Betrachtung der länderkundlichen Informationen stattfinden. Die primäre Fragestellung muss dabei den Zweck der mental map klären und ob sie für diesen verwendet werden kann oder nicht. Hard sieht in den Paradigmen den klaren Vorteil des besser wahrnehmbaren länder- und landeskundlichen Unterrichts.

---

[43] Vgl. Hard, G. 1988: Umweltwahrnehmung und „mental maps" im Geographieunterricht. In: Schultze, A. (Hrsg.): 40 Texte zur Didaktik der Geographie. Stuttgart, S. 216-223.

Eine Weitere Möglichkeit zur Kartenkompetenz stammt vom Prof. Hartwig Haubricht. Er baut bei seiner Entwicklung der Kartenkompetenz auf Progression und Kompetenzstufen. Bei ihm steht eine kartendidaktische Progression als zentrales Element im Mittelpunkt. Diese soll sich auf die allgemeine Kartengestaltung und den Karteninhalt beziehen. Er definiert dafür folgendes: „Prinzipiell kann für eine Progression in beiden Fällen nur das Prinzip gelten, dass Progression eine Abnahme der Anschaulichkeit und eine Zunahme an Komplexität bedeutet".[44] Durch die Anlehnung dieses Grundprinzips an Lenz kann es zu einer Benennung von Punkten der Progression in der kartographischen Darstellung und zum Karteninhalt kommen. In der kartographischen Darstellung kommt es zu einer Entwicklung der Darstellungsmittel vom Konkreten zum Abstrakten, d.h. aus analytischen werden komplexe Karten, aus einschichtigen werden mehrschichtige. Nebenbei kommt es noch zu einer Abnahme der Redundanz. Beim Karteninhalt verhält sich die Progression sehr ähnlich. Es bedeutet auch hier eine Progression vom Konkreten zum Abstrakten. Die Informationsfülle und –dichte nimmt zu und aus statischen werden dynamische Erscheinungen. Extrem wichtig bei dieser Methode ist, dass der Lehrer nicht schrittweise bei der Erarbeitung im Unterricht vorgeht, sondern dass die Progression sich an die jeweilige Situation im Unterricht anpasst.

7 Die Schnittstelle von Primarstufe und Sekundarstufe

Der Sachunterricht der Grundschule versteht sich als integratives Sachfach, welches raumbezogene Aspekte mit einschließt. Das geographische Lernen beginnt somit nicht erst in der Sekundarstufe I. Zu klären wäre aber, worauf kann das Fach Geographie ab Klassenstufe 5 aufbauen und wie kann man einen sinnvollen Übergang von der Primarstufe zur Sekundarstufe gestalten?

Auf die Frage, wie eine Lehrperson mit dem unterschiedlichen Kompetenzniveau seiner Schüler zu Beginn der Klassenstufe 5 umzugehen hat, antwortet ein Lehrer einer weiterführenden Schule es sei „Kropfunnötig", über die Lernangebote für die Schnittstelle zwischen Primar –und Sekundarstufe nachzudenken. Eine halbe Stunde reicht doch völlig aus, um die neuen Schüler der Klassenstufe 5 auf ihr Vorwissen aus der Grundschule hin zu befragen. Am Ende stelle man eh immer wieder fest, dass sowieso nichts da sei, weder die Grundvoraussetzung über Kartenwissen, noch deren Interpretation. Man fange daher immer erneut bei null an".

---

[44] Vgl. Haubrich: Geographie unterrichten: S. 6.

Eine derartige Aussage führt zu zwei grundsätzlichen Annahmen. Erstens, die Schüler kommen mit sehr geringen Vorkenntnissen in die neue Schulstufe und die Voraussetzungen, die die Schüler mitbringen sind individuell sehr unterschiedlich. Zweitens ist es nicht unbedingt notwendig sich sehr lange mit dem Lernstand der Schüler zu beschäftigen, da man sowieso von Anfang an alles den Schülern erneut beibringen müsse.

Blickt man jedoch auf die Primarstufenseite, so ergibt sich eine nicht minder verzwickte Situation. Grundschullehrer wissen häufig nicht, zu welchen Themenfeldern die Schüler im Übergang zur Klassenstufe 5 bestimmte Vorkenntnisse brauchen und zu welchen eben nicht. Daher ist es umso entscheidender, zu Beginn der Klassenstufe 5 exakt zu prüfen, welches geographisches Grundwissen die Schüler hinsichtlich Vorkenntnissen und bereits bekannten Methoden besitzen. Für uns gilt die Frage zu klären, welche Vorkenntnisse die Schüler hinsichtlich der Kartenkompetenz mitbringen und wie man diese weiterentwickelt.

Um dies beantworten zu können, müssen wir die Fragen konkretisieren. Was kann man an Vorkenntnissen über Karten erwarten? Wie kann man den unterschiedlichen Voraussetzungen der Schüler gerecht werden? Wie soll eine weiterführende Kartenarbeit aussehen? Man sieht, es stellen sich einem viele Fragen, wenn in der Klassenstufe 5 Schüler einer heterogenen Schulherkunft integriert und in ihrer Kartenkompetenz weiterentwickelt werden sollen.

Wie bereits angesprochen, beginnt die Kartenarbeit nicht erst mit der Sekundarstufe I, aber auch nicht erst in der 1. Klasse der Grundschule. Fast jeder Schüler ist bereits zuvor mit Karten in irgendeiner Art und Weise in Berührung gekommen. Somit bringen Schüler in beiden Situationen verschiedene eigene Kartenvorstellungen und Erfahrungen mit in den jeweiligen Unterricht. Daher erwartet man am Ende der Primarstufe gewisse (Grund-)Kenntnisse über Karten und deren Umgang. Jedoch können wir nicht bei allen Schülern, aufgrund der unterschiedlichen Erfahrungen, das gleiche Vorwissen voraussetzen. Der Ausgangspunkt der Klassenstufe ist es also, die aus der Grundschule zu erwartenden Vorkenntnisse zu (re-)aktivieren und auf diese dann weiterführend aufbauen, um eine umfassendere Kartenkompetenz zu schaffen.

Welche Vorleistungen werden nun genau in der Grundschule geschaffen? Die Kompetenzbereiche Karten lesen können, eigene Karten zeichnen können und über Karten (kritisch) sprechen können, sind zunächst altersunspezifisch. Es ist aber verständlich, dass das eigene Handeln der jüngeren Schüler mit der jeweiligen Karte und auch das Zeichnen von Karten einen großen Bereich in der Grundschule einnehmen sollten. Eine falsche Annahme wäre jetzt jedoch zu sagen, das Kartenkritik keinerlei Rolle spielen würden. Denn gerade beim zweiten Schritt dem Kartenzeichen – das nebenbei durch Basiskarten des Lehrers mit elementaren Inhalten entlastet werden sollte, um so die ansonten doch recht lange Zeit zum Zeichnen zu verkürzen – ist es ratsam die Karten sich gegenseitig vorstellen zu lassen und über die unterschiedlichen möglichen Repräsentationen zu diskutieren.

Als kartographische Grundlage sollten daher nahezu alle Bereiche der Darstellung prinzipiell behandelt worden sein. Sprich die Grundrissdarstellung, Verkleinerung und Maßstäblichkeit, Generalisierung/Vereinfachung, Orientiertheit, Kartenrandangaben wie Überschrift und Himmelsrichtung und das Kartenzeichnen (Signaturen). Einzige Ausnahme dabei stellt die Verebnung dar.[45]

Wie schaut nun also die weiterführende Kartenarbeit aus? In den zuvor genannten Bereichen werden sich die größten Unterschieden zwischen den einzelnen Schülern aus verschiedenen Grundschulklassen zeigen. Viele dieser Aspekte lassen sich aber auch intuitiv erfassen, wie z.B. Straßen als Raster für die Grundrissdarstellung, so dass sie sich spielerisch aktivieren lassen. Das uns so selbstverständliche Beispiel der Grundrissdarstellung wird z.B. auch nicht in Karten für „Erwachsene" durchgehalten. Die für Schüler auch der Klassenstufe 5 wichtigen bildhaften Signaturen werden oftmals in der Seitenansicht dargestellt. Die würde auch dem Vorschlag von Jarausch[46] entsprechen. Er möchte, dass in der Klassenstufe die Schüler einen Bildband anfertigen. Claaßen/Thermann[47] schlagen dies dann auch nochmals für die Klassenstufe 5 vor.

Die Schüler dokumentieren somit ihren Fortschritt und die Progression innerhalb der kartographischen Grundlagen ist somit angesprochen – die Schüler werden an ihrem jeweiligen Ausgangspunkt abgeholt. Dies geschieht am besten bei Aktivierung aller Darstellungsbereiche, Berücksichtigung aller Kompetenzbereiche und das Hinführen zu den jeweiligen Vorkenntnissen. Diese müssen mit einbezogen und dann hinsichtlich eines Fortschrittes erweitert werden.

Man sollte dabei drei grundsätzliche Prinzipien beachten. Es ist sehr oft möglich, den Umgang mit den Karten spielerisch zu gestalten, die Kartenarbeit sollte integriert sein – sprich sie sollte thematisch orientiert und in den Lernprozess eingebunden sein es bedarf

---

[45] Vgl. Hüttermann: Kartenlesen, S. 19 ff.
[46] Vgl. Jarausch, H.: Zur Spezifik der Kartenarbeit bei der Erkundung des heimatlichen Lebensraumes durch Grundschulkinder im Sachunterricht. In: Kartogr. Schr., Bd. 8, Bonn 2003, S. 22.
[47] Vgl. Claaßen, K.: „Top" im Kartenlesen. In: Praxis Geographie. H 11 (1997), S. 22 f.

keiner systematischen oder theoretischen Anlegung der Kartenarbeit, denn das nachträgliche Sprechen über die z.B. selbsterstellten und gestalteten Karten führt zur kritischen Reflexion von systematischen Kenntnissen. Letztendlich sollte Kartenkunde immer nur ein „Anhängsel" sein, das im Idealfall aus der vorgegeben Zielstellung entsteht. Karten sollen als sinnvolle Möglichkeit zur Lösung von Problemstellungen und zur Darstellung von Sachverhalten erlebt werden, deren Regeln man „in Aktion" dann verstehen lernt. Hüttermann und Jarausch sprechen sich in ihren Werken immer wieder gegen ein stures Abarbeiten von Lehrbuchseiten zur Einführung in das Kartenverständnis und den Kartenkompetenzerwerb aus. Zum einen sind sie thematisch nicht eingebunden. Unter anderem werden die auf die tatsächlichen Schülerwirklichkeiten bezogenen Aktivitäten (z.B. Nutzung des Stadtplanes der eignen Gemeinde) durch „schülerfremde" Pflichtübungen ohne den individuellen Bezug der Klasse zu berücksichtigen. Des Weiteren wird durch das „Abarbeiten" das Gefühl suggeriert, dass die Kartenarbeit nach dem Lehrbuchkapitel abgeschlossen sei und keine weitere „Entwicklung" der Kompetenz erfolge.

Die früher übliche Verortung der „Kartenarbeit" in der Grundschule in der Klassenstufe 3 und in der Sekundarstufe I der Klassenstufe 5 war ein Holzweg.[48] Es gibt in allen Klassenstufen der Primarstufe und der Sekundarstufe I zahlreiche Gelegenheit, einzelne Aspekte der Kartenarbeit zu üben und somit die Kartenkompetenz zu entwickeln.

8 Zusammenfassung und Ausblick

8.1.1 Die Grundschule (Primarstufe)

Heutzutage beginnt in den allgemeinbildenden Schulen die Arbeit mit Karten bereits ab der Klassenstufe 2 in der Grundschule. Die Einführung in die Kartenarbeit und somit das Heranführen der Schüler an das Medium „Karte" als gängiges Unterrichtsmittel erfolgt dabei im Heimatkunde-, bzw. Sachkundeunterricht. In der Klassenstufe 2 beginnt man oftmals mit dem „individuellen" Schulweg des Schülers und dem Klassenzimmer als erster Orientierungsraum, in der Klassenstufe 3 wird dies dann erweitert um den allgemeinen Heimatkreis und in der 4. Jahrgangsstufe wird das jeweilige Bundesland dann genauer erkundet.

Die Schüler gehen somit vom „Nahen zum Fernen" was dem synthetischen Verfahren entspricht. Die Schüler werden dadurch zu Beginn über Pläne und Modelle des

---

[48]Vgl. Will, C.: Die Einführung in das Kartenverständnis. In: Engelhardt, W./ Glöckel, H. (Hrsg.): Wege zur Karte. 2. Auflage, Bad Heilbronn 1977, S. 214 ff.

Klassenzimmers und des Schuldgrundstückes, über den Heimatort bis hin zur allgemeingeographischen („Physischen") Karte des eigenen Heimatkreises und des eigenen Bundeslandes geführt. Zielstellung ist es somit, dass die Schüler am Ende der Primarstufe sich ein Grundwissen zum Medium „Karte" und deren Nutzung angeeignet haben und auch umsetzen können.

8.1.2   Die Weiterführende Schule (Sekundarstufe I und II)

In der Sekundarstufe I wird dann auf den Vorkenntnissen aufgebaut. Dies soll laut Hüttermann im Idealfall in der Jahrgangsstufe 5 durch eine (Re)Aktivierung des Basiswissens, bzw. der bereits erfahrenen Begegnungen mit Karten im Fach Geographie erfolgen. Dazu findet man auch in fast jedem Weltatlas und Regionalatlas der Sekundarstufen einen Abschnitt zur „Einführung in das Kartenverständnis" oder „Vom Bild zur Karte". Aber nicht nur im Fach Geographie spielt Kartenkompetenz ab der Klassenstufe 5 eine wichtige Rolle, auch in den Fächern Politikwissenschaften/Gemeinschaftskunde oder auch Geschichte spielen Karten als „Medium" eine wichtige Rolle für den Unterricht.

Zu Beginn der 5. Klasse wird nicht nur die bisherigen kartografischen Vorkenntnisse der Schüler reaktiviert und gefestigt, sondern durch die schrittweise Einführung und den Einsatz von thematischen Karten weiterentwickelt.   Der Schüler lernt dabei die verschiedenen Kartentypen kennen und lernt sie nach und nach zu decodieren und auszuwerten.

Schon ab der Jahrgangsstufe 5 bildet dabei der Schritt der Auswertung bei der Kartenarbeit einen entscheidenden Schwerpunkt, der in den Folgejahren konsequent weiterentwickelt wird. Dabei steht im Vordergrund, dass die Schüler die funktionalen und kausalen Zusammenhänge des Georaumes erkennen und „indirekte" Informationen entnehmen können.

Auch mit Beginn der Sekundarstufe I ist das Kartenzeichnen ein Kernbestandteil für die Kartenkompetenz, daher wird dies bis in die Sekundarstufe II kontinuierlich gefördert. Wichtig für das Begreifen des realen Weltbildes ist auch das Verständnis für das Gradnetz der Erde und dessen Bedeutung in Karten, um so falsche Weltbilder zu vermeiden (Umrißdeformierungen, Flächendisproportionen).

Hauptzielstellung ab der weiterführenden Schule ist es, die „Kartenkompetenz" und somit die Fähigkeiten des Umganges mit Karten zu erhöhen. Letztendlich ist die unterrichtliche

Kartenarbeit aber kein „Selbstzweck", sondern dient vor allem dem Mittel georäumliche Vorstellungen und Erkenntnisse zu vermitteln.

9 Fazit

Sowohl für Lehrer als auch für die Schüler sind im Geographieunterricht geografische Karten ein unverzichtbares Arbeits- und Unterrichtsmittel. Mit Hilfe von Karten gewinnen die Schüler ein Verständnis für den geographischen Raum. Dieses Verständnis können die Schüler aber nur gewinnen, wenn sie die Karten auch lesen und auswerten können. Sie benötigen dafür also eine gewisses Kartenkompetenz. Die Grundlagen dafür werden bereits in der Primarstufe gelegt. Den Lehrkräften der Grundschulen muss bewusst sein, welche Verantwortung sie hinsichtlich der Schaffung der Grundvoraussetzungen haben, um einen fließenden Übergang für das Kartenverständnis zur Sekundarstufe I zu schaffen.

Beim Lesen der Karte und der Kartenauswertung, werden viele Anforderungen an die Schüler gestellt. Sie müssen den Karteninhalt über die Legende erschließen können. Dazu bedarf es eines allgemeinen Verständnisses für die Legenden, um diese genau wie den Karteninhalt entschlüsseln zu können. Auch die unterschiedlichen Darstellungsformen von Karten müssen die Schüler lesen können. Dazu gehören Vorkenntnisse hinsichtlich des Kartenmaßstabes (auch Maßstabswechsel müssen erfasst werden können), Bestimmung der Himmelsrichtung und Richtungsangaben, Orientierung auf Karten, Lagebeschreibung und – bestimmung (mit Hilfe des Gradnetzes) und viele weitere Aspekte. All diese Fertigkeiten sollen dazu führen, dass die Schüler letztendlich die Fähigkeit besitzen Karten kritisch auszuwerten und zu interpretieren.

Es gibt bis heute vielele Forschungen, die sich mit dem Thema Kartenkompetenz beschäftigen. Leider beziehen sich diese Forschungen größtenteils auf ältere Schüler. Untersuchungen zu Schülern auf Grundschulniveau gibt es leider nur sehr wenige, daher ist auch die Literatur in dieser Hinsicht sehr spärlich.

Leider ermöglichte der Umfang der Arbeit nicht eine genauere Untersuchung der praktischen Methoden hinsichtlich der Einführung des Kartenverständnisses für Grundschüler. Es wäre sehr interessant zu sehen, welche Arbeitsmethode die größeren Erfolge für einen fließenden Übergang von Primarstufe zu Sekundarstufe I bringen würde.

Des Weiteren ist festzustellen, dass im heutigen Zeitalter das Medium Karte ganz neue Wege geht und damit sehr unterschiedliche Angebote auch für den Schulunterricht bietet. Unter anderem gibt es jetzt multimediale Karten für den Schuleinsatz oder auch das geografische Informationssystem (GIS) bietet zahlreiche neue Möglichkeiten des Kartenumganges in der Schule. In Zukunft wird diese Technik eine vielleicht immer größere Rolle in der Schule spielen.

Karten und die damit verbundene Kartenkompetenz ist unverzichtbar für unsere heutige Gesellschaft. Daher möchte ich meine Bachelorarbeit mit einem Zitat von F. Lampe aus dem Jahre 1908 abschließen:"Die Karte ist das einzige wirkliche unentbehrliche Lehrmittel, ist sogar zeitweise mehr als bloßes Mittel zum Zweck des geographischen Verständnisses, ist ein Lehrwert in sich."[49]

---

[49] Hüttermann: Kartenlesen, S. 8.

10 Literaturverzeichnis

Altemüller, F.: Atlaskarte –Wandkarte – Schulbuchkarte. In: Geographie und Schule. H. 80 (1992).

Arnberger, E.: Neuere Forschung zur Wahrnehmung von Karteninhalten. In: Kartographische Nachrichten, H. 4 (1982).

Astington, J.W.: Wie Kinder das Denken entdecken. München 2000.

Baumert, J.: PISA 2000. Basiskompetenzen von Schülerinnen und Schülern im internationalen Vergleich.

Becker, G., E.: Unterricht planen. Handlungsorientierte Didaktik Teil I. Weinheim 2007.

Böhn, D.: Didaktik der Geographie – Begriffe. München 1990.

Claaßen, K.: „Top" im Kartenlesen. In: Praxis Geographie. H 11 (1997)..

Claaßen, K.: Arbeit mit Karten. In Praxis Geographie, H. 11 (1997).

Gerrig J., Zimbardo, G.: Psychologie. München 1999.

Gryl, I.: Kartenlesekompetenz – Ein Beitrag zum konstruktivistischen Geographieunterrichtes (= Materialien zur Didaktik der Geographie und Wirtschaftskunde). Wien 2009.

Hard, G.: Umweltwahrnehmung und „mental maps" im Geographieunterricht. In: Schultze, A. (Hrsg.): 40 Texte zur Didaktik der Geographie. Stuttgart 1988.

Haubrich, H.: Geographie unterrichten lernen.. München, 2006.

Hemmer, M. & Engelhardt, T.: Wege zur Karte – Einblicke in der Kartenarbeit im Sachunterricht der Grundschule. In: Geographie Heute. H. 6 (2008).

Hemmer, M., Hemmer, I., Obermaier, G. und Uphues, R.: Räumliche Orientierung. Eine empirische Untersuchung zur Relevanz des Kompetenzbereichs aus der Perspektive von Gesellschaft und Experten. In: Geographie und ihre Didaktik, H. 1 (2008).

Herzig, R.: GIS in der Schule – Auf dem Weg zu einer GIS-Didaktik. In: Kartographische Nachrichtenm H. 4 (2007).

Hüttermann, A.: Kartenkompetenzen: Was sollen Schüler können? In: Praxis Geographie 11 (2005).

Hüttermann, A.: Kartenlesen – (k)eine Kunst. Einführung in die Didaktik der Schulkartographie. München, Oldenburg 1998.

Inhelder, B., Piaget, J.: Die Entwicklung des räumlichen Denkens beim Kinde. Stuttgart 1971.

Jarausch, H.: Zur Spezifik der Kartenarbeit bei der Erkundung des heimatlichen Lebensraumes durch Grundschulkinder im Sachunterricht. In: Kartogr. Schr., Bd. 8, Bonn 2003.

Klippert, H.: Methoden-Training. Übungsbausteine für den Unterricht. 14. Auflage, Weinheim 2004.

Popp,W.: Wege zur Vorbereitung des Kartenverständnisses. In: Engelhardt,W./ Glöckel, H. (Hrsg.): Wege zur Karte. 2. Auflage, Bad Heilbrunn 1977.

Reinfried, S.: Entwicklung des räumlichen Denkens. In: Haubricht, H. (Hrsg.): Geographie unterrichten lernen. 2. Auflage. München 2006.

Rinschede, G.: Geographiedidaktik. Paderborn 2007.

Rubitzko, T.: Zur Entstehung von topographischen Ordnungsrastern. In: Hüttermann, A. (Hrsg.): Untersuchungen zum Aufbau eines geografischen Weltbildes bei Schülerinnen und Schülern. Ludwigsburg 2004.

Schertenleib, H. M., Egli-Broz, H.:Grundlagen Geografie: Aufgaben des Fachs, Erde als Himmelskörper und Kartografie: Lerntext, Aufgaben mit Lösungen und Kurztheorie. Zürich 2008.

Schülerduden Geographie

Sperling,W.: Karten –und Luftbildinterpretation als instrumentale Lernziele. In: Eugen, E. (Hrsg.): Geographie für die Schule. Braunschweig 1978,

Will, C.: Die Einführung in das Kartenverständnis. In: Engelhardt, W./ Glöckel, H. (Hrsg.): Wege zur Karte. 2. Auflage, Bad Heilbronn 1977.